PLAY WITH SMART PHONES

轻松玩转智能手机

智能时代，父母们的诗和远方

刘三满／著

中国原子能出版社

图书在版编目（CIP）数据

轻松玩转智能手机：智能时代，父母们的诗和远方 /
刘三满著 . -- 北京：中国原子能出版社，2021.10
ISBN 978-7-5221-1489-7

Ⅰ.①轻… Ⅱ.①刘… Ⅲ.①移动电话机—中老年读
物 Ⅳ.① TN929.53-49

中国版本图书馆 CIP 数据核字（2021）第 142576 号

内 容 简 介

本书系统讲解智能手机的各种功能与软件操作。全书从接打电话到微信
聊天，从拍照片、录视频到看电视、听广播，从查询、缴费到买药、购物，
从预约订票到欢乐出行，为老年人详细呈现使用智能手机满足衣食住行需求
的操作全流程，并为老年人提供丰富实用的智能手机操作小妙招、操作警惕。
整本书内容丰富、条理清晰、深入浅出，是老年人学习操作智能手机的实用
读本。

轻松玩转智能手机：智能时代，父母们的诗和远方

出版发行	中国原子能出版社（北京市海淀区阜成路 43 号 100048）	
责任编辑	张 琳	
责任校对	冯莲凤	
印 刷	三河市德贤弘印务有限公司	
经 销	全国新华书店	
开 本	710 mm × 1000 mm　1/16	
印 张	14	
字 数	154 千字	
版 次	2021 年 10 月第 1 版　2021 年 10 月第 1 次印刷	
书 号	ISBN 978-7-5221-1489-7　　定 价　79.80 元	

网 址： http://www.aep.com.cn	E-mail:atomep123@126.com
发行电话： 010-68452845	版权所有　侵权必究

前　言

智能手机功能齐全，通信、购物、视听、出行，都离不开它。

越来越多的老年人开始尝试使用并喜欢上了智能手机，但也在使用智能手机时遇到了不少困难。

本书系统全面讲解智能手机的使用，语言简洁明了、通俗易懂，手把手教老年人使用智能手机，方便老年人的衣食住行，也为老年人展现一种新的智能生活方式。

本书包括以下内容。

认识智能手机：设置手机的字体、音量，学习接打电话、发短信。

学习使用微信：与子女亲朋语音聊天、视频通话，发朋友圈、抢红包，享受亲情与友情。

手机拍照片、录视频：创编一篇图文并茂而且能播放音乐和视频的文章，记录美好生活。

手机看电视、听广播：一部智能手机，就能满足随时随地看电视节目、读新闻资讯、听戏曲广播的需求。

手机查询、缴费：足不出户就能看天气、查社保、交水电费与燃气费。

手机买药、购物：着急用药不用满城跑，特产、家电网上购，手机下单，快递员很快就能送货上门。

手机订票、出行：火车票、飞机票、景区门票，手机提前订购和预约，地图导航能定位，节省时间又方便，来一场想走就走的旅行并不难。

全书内容丰富、深入浅出，更贴心设置"小妙招""要警惕"两个版块，让老年人更加便捷地使用智能手机，并避免因错误操作而上当受骗。

如果您为人子女，本书能帮您贴心陪伴父母，随时随地帮他们解答智能手机使用疑惑。

如果您是老年人，本书将是您使用智能手机的良师益友，带您一起享受智能生活，享受快乐时光。

由于智能手机应用系统、品牌、版本等的不同，各类手机应用软件也在持续不断更新，因此手机界面或软件界面中具体选项的位置或名称可能会有所不同，但操作步骤与方法与本书所述大致相同或相似。感谢您阅读和使用本书，期待本书能对您有所帮助！

作者

2021 年 5 月

目 录

小妙招

要警惕

第5章 手机查询、缴费   121

第1章

认识智能手机

要点梳理

- 认识智能手机，了解其外观与按键功能
- 设置手机字体、音量、亮度，不费眼，能听清
- 轻松掌握接打电话和发短信的技巧

小妙招

- 手机屏幕能翻页
- 手机侧面按键能调音量
- 手机怎么连接网络
- 卸载不小心下载的软件
- 手机手电筒，快速开启好应急
- 买东西算价格，手机里就有计算器
- 紧急呼救

要警惕

- 长串数字来电可能是诈骗电话
- 短信链接不乱点

1.1

了解手机系统

目前，市场上的手机品牌多、功能全，根据应用系统的不同主要分为两大类：苹果手机、安卓手机。

| 苹果手机 | 使用苹果（iOS）操作系统
主要指苹果系列手机 |

| 安卓手机 | 使用安卓操作系统
常见品牌有华为、小米、OPPO 等 |

一般来说，苹果手机运行速度快、价格高；安卓手机功能多、价格实惠。

手机更新换代快，外观样式也会有些许差别。比如，不同品牌安卓手机的按键的位置会有所不同，有的在手机左侧，有的在手机右侧。

按下手机的开关键，当手机屏幕亮起时，说明手机已经开机并可以使用了。

开机 / 关机键

home 键

静音键

音量 +

音量 -

麦克风

苹果手机

音量键（±）

导航键

充电口

开关键

麦克风

安卓手机

1.2

设置字体、音量与亮度，
手机用着更顺手

手机的字体、音量、亮度调节可以在手机设置中实现，手机应用系统不同，步骤和方法略有不同，但大体类似。

1.2.1　苹果手机设置字体、音量、亮度

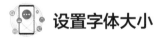 设置字体大小

第一步，找到手机里的设置，点击设置，在新打开的界面找到显示与亮度。

第二步，点击显示与亮度，进入新的界面后找到文字大小。

第三步，点击文字大小，进入文字大小设置界面，用手指左右拖动白色圆圈按钮，字体会随之变小或变大。

第四步，字体调大后，点击手机屏幕上方的返回，可以依次返回到手机主界面，或者按 home 键直接返回到手机主界面。

小 妙 招

手机屏幕能翻页

　　如果打开手机，在开始的界面找不到"设置"图标的话，不用太着急，尝试用手指向左滑动或者向右滑动，手机的页面就会翻页，可以在其他页面找到"设置"。

设置音量大小

第一步，找到手机里的设置，点击设置，在新打开的界面找到声音与触感。

第二步，点击声音与触感，进入新的界面后找到铃声和提醒。

第三步，左右拖动铃声和提醒下面的圆圈按钮，手机的声音就会随之变小或变大。

第四步，点击手机屏幕上方的返回，可以依次返回到手机主界面，或者按 home 键直接返回到手机主界面。

小妙招

手机侧面按键能调音量

通过手机侧面（左侧或右侧）的按键可以来调节音量。

苹果手机音量按键分为两个，上端为音量增，下端为音量减。按相应的按键，手机的声音会增大或减小。

安卓手机的音量按键是比较长的按钮，按上部分，手机音量增大，按下部分，手机音量减小。

设置手机亮度

第一步，找到手机里的设置，点击设置，在新打开的界面找到显示与亮度。

第二步，点击显示与亮度，进入一个新的界面。

第三步，左右拖动亮度下面的白色圆圈按钮，手机屏幕的亮度会随之变暗或变亮。

第四步，按 home 键直接返回到手机主界面。

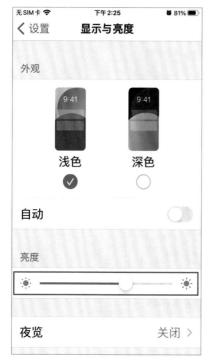
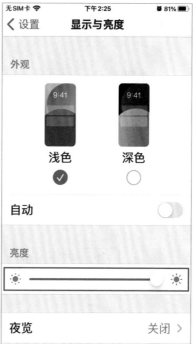

1.2.2 安卓手机设置字体、音量、亮度 >

📱 设置字体大小

　　第一步，找到手机里的设置，点击设置，在新打开的界面找到显示。

　　第二步，点击显示，进入显示界面，找到字体与显示大小。

　　第三步，点击字体与显示大小，进入字体大小设置界面（不同手机文字举例内容不同），用手指左右拖动白色圆圈按钮，字体会随之变小或变大。

第四步，字体调大后，点击手机屏幕下方的倒三角返回键，依次返回到手机主界面。

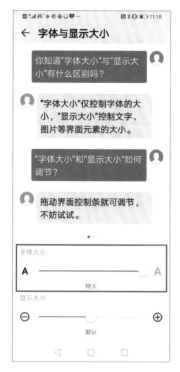

设置音量大小

第一步，在手机主界面点击设置，进入设置界面，找到声音条框并点击，进入声音设置界面。

第二步，根据需要，调整手机铃声、闹钟声音、通话声音等的声音大小，拖动相应声音对应的圆圈按钮。

第三步，点击手机屏幕下方的三角形返回键，依次返回到手机主界面。

设置手机亮度

第一步，找到手机里的设置，点击设置，在新打开的界面中找到显示。

第二步，点击显示，进入一个新的界面。

第三步，左右拖动亮度下面的白色圆圈按钮，手机屏幕的亮度会随之变暗或变亮。

第四步，连续点击手机屏幕下方的三角形返回键，依次返回到手机主界面。

小妙招

手机怎么连接网络

　　手机连接网络后可以看电视、看新闻、与亲友聊天和视频。

　　手机可以通过两种方式连接网络，一种是手机卡开通流量包，另一种是手机连接家里的 WiFi，通过设置—无限局域网—选择家中 WiFi 网络名称—输入密码，这样手机就能上网了。

1.3

设置锁屏密码

1.3.1 苹果手机设置锁屏密码

第一步，点击设置，进入设置界面。

第二步，找到并点击触控 ID 与密码，进入锁屏密码设置界面。

第三步，点击添加指纹，根据新打开的界面提示，选一根手指作为解屏手指，在 home 键上用力多按几下，直到屏幕上的指纹图案全部显示红色，这样手机会记住指纹，用于解锁。

除了指纹，还可以添加数字密码解锁手机屏幕。

在触控 ID 与密码界面，点击打开密码，手机会提醒之前的指纹解屏是否保留，点击保留后，输入两次重复的六位数字作为密码，并记住它们，这样手机锁屏数字密码就设置成功了。

按 home 键可直接返回到主界面。

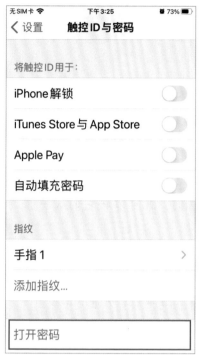

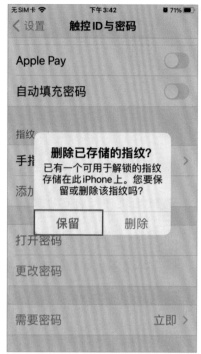

卸载不小心下载的软件

如果发现手机里不知什么时候多出一两个没有见过的陌生软件，自己也不需要它们，就可以将它们从手机中移除，也就是卸载掉。

苹果手机卸载软件时，长按住所选软件图标，屏幕上所有的软件图标会不停地晃动，并且图标左上方都会出现一个灰色的"—"，点击"—"，就能把相应的图标和软件从手机中删除。

安卓手机卸载软件时，点击按住软件图标，图标旁边会弹出一个新的对话框，里面有分享和卸载两个选项，点击卸载，就可以把该软件从手机中移除了。

1.3.2　安卓手机设置锁屏密码

第一步，点击设置，进入设置界面。

第二步，找到并点击安全和隐私，进入安全和隐私设置界面，找到锁屏和密码选项并点击。

第三步，根据需要，选择指纹、人脸识别、锁屏密码三种中的任一种设置锁屏。以最简单的数字锁屏密码设置为例，点击锁屏密码进入密码设置界面。根据手机提示，输入两次重复的密码，然后点击确定。手机锁屏密码就设置成功了。

第四步，密码设置成功后，按返回键，可依次返回到主界面。

如果想要更改或关闭手机锁屏密码，可以按照如下步骤进行操作：设置—安全和隐私—锁屏和密码—锁屏密码—更改锁屏密码或关闭锁屏密码。

小妙招

手机手电筒，快速开启好应急

在找东西或阅读时，如果光线较暗，需要照明而手边又没有手电筒，可以用手机来照明。

手机里带有手电筒照明小工具，可以在不解锁屏幕的情况下打开使用。将手机屏幕下滑或上滑，可以找到一个手电筒标志的图标，点击这个图标，手机后方的摄像头处就会出现亮光。

1.4

添加联系人

第一步，解锁手机屏幕。

第二步，点击通讯录，通常是一个小人的头像。

第三步，进入通讯录界面后，点击右上角的＋添加联系人。

第四步，进入新建联系人界面后，根据相应的提示可以输入联系人的姓名、公司、电话等信息。联系电话可添加多个。

第五步，输入所有需要记录的信息并确认无误后，点击屏幕右上角的完成即可。

小妙招

买东西算价格，手机里就有计算器

手机里有很多实用的小工具，计算器就是其中一种。在手机的系统工具中，可以找到类似计算器或者有"＋－×÷"运算符号的小图标，这就是手机中的计算器。

1.5

接电话与打电话

1.5.1 接电话

第一步，看来电号码是不是自己熟悉的人的手机号码。

第二步，无需解锁屏幕，将中间的圆圈按钮向右滑动到绿色电话位置，接通电话；将中间的圆圈按钮向左滑动到红色电话位置，挂断电话。

长串数字来电可能是诈骗电话

如果手机来电显示的是很长的一串数字，那么这个电话号码很可能是不法分子利用网络拨出的网络诈骗电话。

　　如果来电显示号码为国外号码，而你并没有亲友在国外，也从来没有出国旅游或办事，那么可以断定这个来电就是诈骗电话，可以果断拒接或不去理会它。

　　电话接通后，如果对方自称是国家机关、公安人员，谈话内容涉及钱财，此时要提高警惕，谨防被骗，因为警察一般不会通过电话审问或办案，不要轻信。

1.5.2　打电话

给已保存的联系人打电话

　　第一步，解锁手机屏幕，找到带电话样式的绿色电话，一般在手机屏幕下方位置，点击电话，进入打电话界面。

　　第二步，找联系人，共三种方法。

　　第一种方法：在电话界面，上下滑动屏幕从通话记录中找联系人。

　　第二种方法：如果能记住对方的电话号码，可直接按数字拨号，随着数字的输入，手机会自动匹配已保存的联系人，你可以从中选择要联系的对象。

第三种方法：点击联系人（通讯录），上下滑动屏幕找联系人。

第三步，点击联系人姓名，进入联系人名片界面，点击手机号，拨通号码。

 给未保存的联系人打电话

第一步，解锁手机屏幕，找到带电话样式的绿色电话。

第二步，在数字键盘上，输入对方的手机号，然后按绿色圆圈，拨通电话。

小妙招

紧急呼救

　　很多智能手机配有紧急呼救功能，以华为手机为例，进入设置界面，在搜索框输入"SOS"，选择"SOS紧急求助"，首次使用需要授权"信息"和"位置信息"（在手机设置—应用—权限管理中设置），同时添加紧急联系人的手机号码。

　　遇到紧急情况后，快速、连续按5次电源键，手机屏幕上会出现"110""119""120"和紧急联系人电话，这时你的手机已经自动发送你的信息和地理位置给紧急联系人了。你也可以点击屏幕上的电话直接通话。

1.6

发短信

第一步，按照打电话的步骤，依次点击手机屏幕上的电话—联系人—（滑动屏幕找到）联系人姓名，进入联系人名片界面。

第二步，点击手机号码右侧的带小尾巴的椭圆，进入短信输入界面。

第三步，点击输入框，输入短信内容，键盘左下角可点击切换：拼音拼写汉字、输入数字。

第四步，点击信息显示框右侧的绿色纸飞机，发送短信，可以看到，屏幕上方出现了已发送成功的短信内容。

第五步，点击手机屏幕左下角的三角形返回键，可依次返回到手机屏幕主界面。

要警惕

短信链接不乱点

　　手机里有时会收到很多短信，有些短信中带有一串蓝色的夹杂着字母、数字的信息内容，内容下方还有一条蓝色的线，或者是一个网站链接，它可能是一个广告网站或收费网站，不要轻易尝试去点击它，避免上当受骗。

第 2 章
微信的使用

要点梳理

- 下载安装微信，了解微信的基本设置
- 用微信与好友聊天
- 掌握微信的特色功能

小妙招

- 忘记密码也能登录微信
- 设置朋友圈权限，避免个人信息泄露
- 语音消息转为文字消息

要警惕

- 交友有风险，陌生账号不要加
- 银行卡绑定要谨慎
- 看清付款金额再支付
- 陌生人的红包不要点

2.1 微信的下载、注册

2.1.1 下载安装微信

第一步，打开应用市场（安卓手机中下载软件的商店叫作"应用市场"或"应用商店"或"软件商店"，苹果手机中下载软件的商店叫作"App Store"，这里以"应用市场"为例），点击搜索框，输入"微信"。

第二步，在下面的搜索结果中点击微信右边的安装。安装完成后，退出到主界面，就能看到新安装的微信了。

2.1.2 注册微信账号

第一步，打开微信，点击右下角的注册，进入注册界面。注意，只能通过手机号注册微信，一个手机号只能绑定一个微信账号。

第二步，依次点击并填写微信昵称、手机号、微信登录密码。

第三步，点击勾选已阅读并同意微信软件许可及服务协议，点击注册，微信账号注册就完成了。

小妙招

忘记密码也能登录微信

退出微信登录后，如果下次登录时忘记了登录密码，别着急，你可以直接使用短信验证码来登录。

在微信登录界面，点击密码下方的用短信验证码登录，输入手机号，获取验证码。收到腾讯科技发来的短信后，在输入框输入或直接复制并粘贴验证码，点击登录，即可重新登录微信。

2.2

微信信息设置

2.2.1 微信基本设置 〉

设置字体大小

第一步，打开微信，点击我，点击最下端的设置，进入设置界面。点击通用，进入通用界面。

第二步，点击字体大小，进入字体大小界面。往右拖动下面的滑块，字体会随之变大，反之，则变小。操作结束后点击右上角的完成。

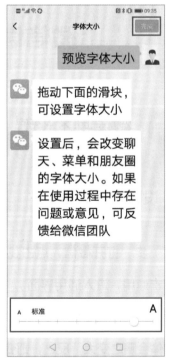

预览字体大小

拖动下面的滑块，可设置字体大小

设置后，会改变聊天、菜单和朋友圈的字体大小。如果在使用过程中存在问题或意见，可反馈给微信团队

修改密码

第一步，打开微信，点击我，点击最下端的设置，进入设置界面。点击账号与安全，进入账号与安全界面。

第二步，点击微信密码，进入设置密码界面。先填写原密码，然后填写新密码，再次填写新密码，填写完后，点击完成。

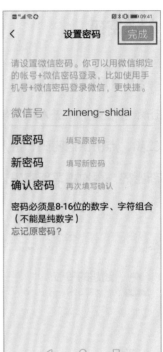

小妙招

设置朋友圈权限，避免个人信息泄露

　　如果担心陌生人会通过朋友圈获取到你的个人信息，可以在微信"设置—隐私"中设置朋友圈权限，关闭"允许陌生人查看十条朋友圈"按钮。设置完成后，陌生人就不能看到你的朋友圈内容了。

2.2.2　编辑个人信息　〉

 **换头像**

第一步，打开微信，点击我，点击右上角的 >，进入个人信息界面。

第二步，点击头像，挑选手机相册中的一张图片，或者直接点击拍摄照片。挑选或拍摄好照片后，点击右上角的√完成头像置换。

改昵称，设置性别、地区

改昵称的方法步骤如下。

第一步，打开微信，点击我，点击微信号后面的＞，进入个人信息界面。

第二步，点击昵称，进入更改名字界面。点击输入框，删除原来的昵称，填写新的微信昵称，点击保存。

设置性别、地区的方法步骤如下。

第一步，打开微信—我—微信号后面的＞，进入个人信息界面，点击更多，跳转至更多信息界面。

第二步，点击勾选性别或地区。

2.3

加好友：搜索、扫码、通讯录

2.3.1 搜索微信号 / 手机号

第一步，打开微信，点击右上角的 ⊕，点击添加朋友，进入新界面。点击搜索框，填写对方的微信号或者手机号。

第二步，点击手机号—添加到通讯录，输入申请理由或直接点击发送添加好友的申请。

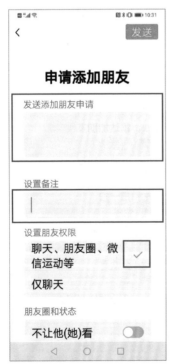

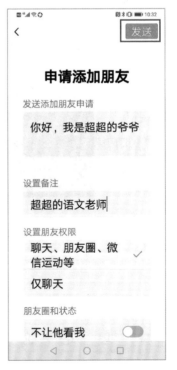

2.3.2 扫一扫

第一步，打开微信，点击右上角的⊕，点击扫一扫。

第二步，扫描朋友的微信二维码名片，页面直接跳转到朋友的微信个人信息界面。

第三步，点击添加到通讯录，此后步骤同搜索手机号添加好友。

2.3.3 添加通讯录中的朋友 〉

第一步，打开微信，点击右上角的 ⊕，点击添加朋友。点击手机联系人，进入新的界面。

第二步，点击上传通讯录，再点击查看手机通讯录，找到要添加的联系人，点击添加，进入申请添加朋友界面，此后步骤与前面添加好友的方法相同。

交友有风险，陌生账号不要加

加好友的方式除了以上列出的搜索微信号／手机号、扫描二维码名片以及添加手机通讯录中的朋友之外，还有摇一摇加好友与通过雷达加朋友。需要注意的是，这两种方法添加的微信好友不一定是你认识的人，为了安全起见，如果看到陌生人的微信账号，最好不要添加到通讯录中。

2.4

发消息：打字、语音、视频都不难

2.4.1 发送文字消息

第一步，点击通讯录，找到想要联系的朋友并点开。点击发消息，进入与好友聊天的界面。

第二步，点击输入框，在弹出来的打字键盘中输入你想要说的话，如"你好"，点击发送。

2.4.2 发送语音消息

　　找到想要联系的朋友并点开，点击发消息，进入与好友聊天的界面。点击输入框左边的圆形，用手指长按按住说话，说完后松开手指，即可发送语音消息。

小 妙 招

语音消息转为文字消息

　　如果想要将说出的语音消息转为文字消息，在发送语音消息时，按住说话结束后，不要立刻松开手指，而是将手指上滑，这时微信就会自动将你说的话转为文字，点击右边的√符号，即可发送已经转化为文字的语音消息。

2.4.3 音视频通话

第一步，进入与好友的聊天界面。

第二步，点击输入框右边的⊕，再点击下面的视频通话，可以进一步选择视频通话或语音通话。

2.5

进群、退群

2.5.1 进群

第一步，打开微信后，点击右上角的 ⊕，点击下面的扫一扫。

第二步，扫描群二维码，并点击加入群聊，即可进群。

2.5.2 退群 〉

第一步，打开微信后，找到需要退出的群，点击进入群聊天界面。点击右上角的…，进入聊天信息界面。

第二步，点击最下面的删除并退出，再点击离开群聊，即可成功退群。

2.6 发朋友圈

打开微信后，点击发现，再点击朋友圈，进入朋友圈界面。

发图片：轻点右上角的照相机，可以选择手机中的一张或多张照片分享到朋友圈。

发纯文字：长按右上角的照相机可进入朋友圈发表文字界面。

2.7

给朋友点赞、评论

给朋友点赞的步骤如下。

第一步，打开微信，点击发现—朋友圈，进入朋友圈界面，浏览朋友圈里的内容，选择想要点赞的朋友圈消息。

第二步，点击右下角的 ⋯，点击左边的心形，即可点赞成功。

给朋友评论的步骤如下。

第一步，浏览朋友圈里的内容，选择想要评论的朋友圈消息。

第二步，点击右下角的评论，输入想要评论的文字，点击发送，即可成功发表评论。

2.8 关注公众号

第一步，打开微信后，点击右上角的搜索符号，进入搜索界面，然后点击公众号，进入公众号搜索界面。

第二步，点击输入框，输入想要关注的公众号名称，如"央视新闻"，并点击键盘右下角的搜索。接着，点开"央视新闻"公众号，并点击右上角的关注，即可成功关注该公众号。

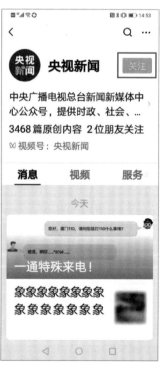

2.9

使用微信支付

2.9.1 绑定（添加）银行卡 〉

　　第一步，打开微信，点击我，在新界面中点击支付，进入支付界面，点击钱包，再点击银行卡，进入绑定银行卡界面。

第二步，点击添加银行卡，填写卡号、持卡人姓名、手机号。点击下一步，获取手机验证码。收到验证码后按照提示在输入框中输入，完成银行卡绑定。

银行卡绑定要谨慎

在将银行卡与微信绑定时，要注意选择一张余额较小的银行卡，防止因为信息泄露或手机遗失造成财产损失。

2.9.2 微信支付

第一步，打开微信后，点击右上角的⊕。

第二步，点击黑色框中的扫一扫，扫描商家的收款码。

第三步，扫描成功后，输入付款金额，点击付款，输入微信支付密码，即可成功支付。

看清付款金额再支付

在使用扫码支付时，一定要看清自己输入的付款金额是否正确，确认之后再输入支付密码进行支付。同样的，在使用付款码支付时，也要看清商家收走的金额是否正确。

2.10

抢红包

　　打开微信，找到一个发放红包的群，等群里出现红包后，迅速点击红包即可成功抢到红包。

要警惕

陌生人的红包不要点

如果微信里的红包是陌生人发出的，切记一定不要去点，因为这可能是骗子的诈骗手段，先用红包来引诱你加微信，再一步一步将你引入他设计的骗局中，骗取你的钱财。

2.11

微信扫健康码

第一步，打开微信后，点击右上角的搜索符号，进入搜索界面。

第二步，点击小程序，在搜索框中输入所在地区的健康码小程序名称，如北京地区的"北京健康宝"。以下以"北京健康宝"为例。

第三步，进入小程序，点击本人健康码自查询，查询本人健康状况。或者点击本人信息扫码登记，进行本人信息登记。

第 3 章
拍照片、录视频

智能时代 ／ 父母们的诗和远方

要点梳理

- 使用智能手机拍照片、录视频

- 编辑照片，给照片加文字

- 用美篇发文章，用剪影剪辑视频

小 妙 招

- 一键打开照相机

- 相册能分类，快速找照片

- 照片误删能找回

要 警 惕

- 拍照软件有广告，误点会收费

- 手机相册里也会有垃圾信息

3.1 手机照相机

3.1.1 拍照 〉

　　智能手机的系统都自带相机功能，相机一般在手机的开机页，点击相机，打开相机，点击下面的白色圆圈，即可拍照，拍好的照片可以在左下角的相册中查看。

　　相机默认打开的是后置摄像头（拍摄手机背后的景象），如果想拍手机正面方向的景象，可以点击手机屏幕右下角的带旋转箭头的摄像头，再点一次，可以切换回原来的样子。

　　晚上拍照或者光线较暗时，可以点击上面的闪光灯按钮，弹出悬浮框，对闪光灯进行设置。

　　如果拍摄时图像大小不合适，可以将拇指和食指同时放在图像上，做"放"或"捏"的动作，将图像放大或缩小。

3.1.2 人像 〉

相机有多种拍照模式：拍照、人像、夜景、大光圈、录像、专业等。这些都可以拍照，只不过拍出的效果不同，最常用的除了拍照还有人像。

使用人像模式拍出的人物更漂亮，手机应用会对人物背景进行虚化，突出人物。例如，点击人像，可以切换到拍人像模式，点击下方的白色圆圈按钮完成拍照。相机会自动识别人脸，照片中的人物会更突出。

小妙招

一键打开照相机

在手机亮屏上锁（即手机屏幕已亮，但还未输入密码）的状态下也可以打开照相机。

使用安卓手机，你可以从屏幕右下角找到一个小小的相机图标，点两秒钟再松开，即可打开相机拍照。

使用苹果手机，你在手机锁屏的情况下，向左滑动屏幕，也可以直接进入照相机拍照的界面。

3.2

一些能拍照的手机软件

手机的应用市场中有很多拍照软件，例如美颜相机、NOMO 相机、一甜相机、Faceu 激萌等，这些相机的功能大同小异。这里以美颜相机为例，介绍用法。

安卓手机中下载软件的商店叫作"应用市场"（或"应用商店""软件商店"），苹果手机中下载软件的商店叫作"App Store"，本章均以"应用市场"为例。

美颜相机主要用于拍摄人物，可以轻松将人脸变白、变瘦，将眼睛变大，将皮肤变得光滑等，拍出来的人更漂亮。

3.2.1 美颜相机的下载与安装

第一步，找到手机里的应用市场并点击打开它。在搜索框内输入"美颜相机"，点击搜索。

第二步，点击安装，安装后的美颜相机可以在手机主界面里找到。

要警惕

拍照软件有广告，误点会收费

美颜相机等软件虽然下载免费，但使用过程中是有广告的。通常，广告以弹窗的形式出现，如果误点，会跳转到其他应用或产生额外费用。遇到广告时，可以点击弹窗上的"×"号或者"跳过"来关闭广告。

3.2.2　美颜相机的使用 〉

　　第一步，点击手机屏幕中的美颜相机，打开后可以看到美颜相机里的各种功能：图片精修、超清人像、原生模式、拍视频等。

　　第二步，点击相机拍照，拍照时可以选择贴纸、风格、滤镜和美颜等给拍好的照片加上特殊效果。

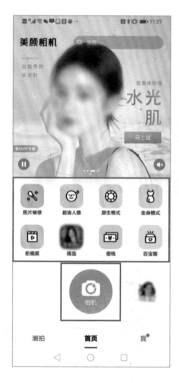

小妙招

相册能分类，快速找照片

　　打开"图库"或"照片"应用，点选照片，可以是一张或多张。点击下方的按钮，移动到合适的相册（这里也可以新建相册）。移动完成，就可以在相应的相册里查看照片了。

3.3

手机录视频

　　用手机录视频十分方便，录视频和拍照使用的都是相机应用。

　　第一步，打开相机应用，点击录像，再点击下方的白色圆圈按钮，开始录制。

　　第二步，白色圆圈按钮上方会显示录制的时长，点击右下角的暂停按钮，录制暂停，再次点击暂停按钮，录制继续进行，结束录制时点击白色圆圈按钮即可，录制好的视频可以点击左下圆圈后在相册中查看。

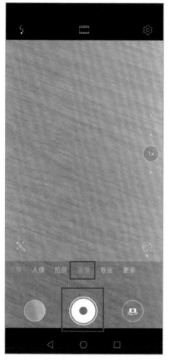

手机相册里也会有垃圾信息

　　苹果手机里的"照片"应用有时会弹出"相册分享邀请"，如果不是家人或者朋友操作的请不要点开，也不要点"接受"，里面很可能是广告，如果你点击了"接受"，你的信息可能就泄露了。如果想屏蔽这种广告，可以进行如下操作：点击"设置"，找到最上方的账号点击进入，选择"iCloud"，找到"照片"，点击"关闭"。

3.4

给照片加上文字

　　打开手机上的图库或者照片应用，选择一张照片，点击下方的编辑按钮，进入编辑界面。

　　在编辑界面可以对图片进行各种编辑操作，常用的编辑小工具（效果）有旋转、修剪、滤镜、保留色彩、虚化、调节、美颜、马赛克、涂鸦、水印、标注等。

　　现在使用标注功能，给照片加上文字。

　　第一步，点击标注，选择标注框，照片上就会出现一个标注框，用于显示文字。

　　第二步，点击文本，点击标注框，输入文字"荷花"。

　　第三步，可以拖动标注框到合适位置，也可以点击标注框上的删除按钮和调节按钮进行删除和调节大小，点击√按钮，完成添加文字操作。

智能时代 ╱ 父母们的诗和远方

如果手机中自带的图片编辑功能无法添加文字，可以考虑使用其他的应用，例如大家使用较多的修图应用——美图秀秀，这个应用可以在手机的应用市场中下载，使用方法与编辑功能相似。

小妙招

照片误删能找回

照片如果误删了，不用担心，手机会保存 30 天内删除的照片，你可以将误删的照片找回来。

打开照片或者图库应用，用手指将屏幕向上滑动，找到最下方的"最近删除"，点击进入，找到误删的照片，点击右下角的"恢复"，即可在原相册中找到误删的照片。

3.5

照片、视频剪辑：美篇与剪影

想要制作图文并茂的文章、漂亮的影集或者好看的视频，可以借助其他应用，如美篇与剪影。

3.5.1 美篇

美篇可以写游记、秀美照，可以集文字、图片、视频、音乐于一体，方便查看和分享。

下载和登录美篇

第一步，打开手机里的应用市场（苹果手机找到 App Store），搜索"美篇"，点击安装进行下载安装，安装完成后可以在手机主界面里找到。

第二步，点击手机界面上的美篇，打开美篇。首页有头条、关注、推荐、讲堂等内容。想要发表文章，点击右下角的我的，使用微信登录进入美篇。

第三步，在我的页面里可以点击找好友关注添加自己的好友，也可以点击查看动态、作品、作品集、赞过等。

用美篇发表文章

用美篇发表文章步骤如下。

第一步，点击下方蓝色加号按钮，可以新建文章、视频、直播和说说。例如，点击文章按钮，创建新文章。

第二步，输入标题，如"夏日荷花"添加文字、图片、视频，或投票、拼图等。例如，点击图片，选择图片即可加入；点击视频，选择本地视频，在相册中选择视频，进行添加。

第三步，点击右上角的预览，预览页提供了模板、音乐、字体、排版等设置，选择这些功能可以对文章进行更精细的编辑加工，也可以直接点击右上角下一步。

第四步，点击存草稿保存文章，或点发布完成文章。之后，页面会自动跳转到首页，在这里可以看到自己刚刚发布的文章。

第五步，点开文章，文章下面有送花和打赏功能，还可以进行评论或将文章分享给亲人和朋友。

3.5.2 剪影 〉

剪影是一款简单易操作的视频编辑应用，它可以帮助我们进行视频剪辑。剪影里有常用的各种功能，例如视频变速、配字幕、添加音乐等。

 下载剪影

第一步，打开手机里的应用市场（苹果手机打开 App Store），在搜索框输入"剪影"。在搜索结果中点击安装下载剪影，安装完成后可以在手机主界面里找到剪影。

第二步，查看剪影。点击剪影打开应用，可以看到编辑视频的多

种功能：人像分割、提取音乐、GIF 制作等。剪影还提供剪同款视

频功能：可以选择喜欢的视频，根据提示将里面的视频或照片替换成

自己手机里的视频或照片，做成有同样效果的视频。

 **剪辑视频**

这里重点讲解以下几种视频编辑方法。

选择视频、添加音乐和特效

点击剪影界面中下方的剪辑视频按钮，从相册中选择一段或多段

视频，以备剪辑。选择多段视频，剪影会进行自动拼接。

剪影的界面底部有不同的功能选项。例如，点击音乐，可选择和添加音乐或者音效。点击特效，可为视频添加一些特殊效果。

添加、编辑字幕

点击字幕功能，进入字幕设置界面编辑字幕。

在输入框输入字幕，点击右侧的√可看到字幕的效果；调节字幕框可以将字缩小或放大，拖动字幕框可以挪动字幕的位置。

界面下方还提供分割、删除、动画等操作。

所有操作完成后，点击左侧向左的箭头←，返回视频编辑界面。

视频分割、删除、变速

左右拖动查看视频，点击分割，视频会在长长的竖线处被一分为二切割开。

点击选中一段视频，下方功能选项会发生变化。例如，点击删除，可删除刚刚选中的视频；点击变速，可以改变视频播放的速度；点击倒放、滤镜等功能可以进行更多相应的操作。

导出视频

所有编辑完成后，点击右上角的导出保存到相册。

第 4 章
看电视、听广播

要点梳理

- 认识各种娱乐软件
- 了解软件下载、登录的方法
- 学会如何找视频、音频、新闻

小 妙 招

- 开通会员就不用看广告
- 下载视频，没网也能看
- 视频关注、点赞、评论和分享

要 警 惕

- 视频广告不误点

4.1

腾讯、爱奇艺、优酷：
多种选择看电视

4.1.1 下载视频软件

　　看电视节目常用的 App 有腾讯、爱奇艺和优酷等。这里以腾讯视频为例讲述下载步骤，其他视频软件与腾讯下载方法一样。

　　第一步，找到应用市场，安卓手机中下载软件的商店叫作"应用市场"（或"应用商店""软件商店"），苹果手机中下载软件的商店叫作"App Store"，本章均以"应用市场"为例。

　　第二步，在应用市场的搜索框输入"腾讯视频"，在系统自动搜索的界面中找到腾讯视频，点击它右侧的安装，之后在手机界面上就能看到腾讯视频。

　　按照同样的方法还可以下载爱奇艺和优酷等视频软件。

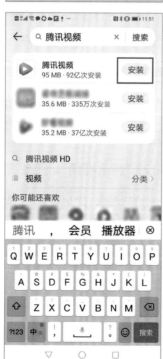

4.1.2　腾讯视频如何看电视

第一步，点击手机界面上的腾讯视频，进入首页。首页上面为频道选择栏，可选择电视剧、电影、综艺、纪录片等不同类型的视频。比如点击电视剧，就会进入电视剧的界面。

第二步，搜索想要看的电视节目（电影、综艺、纪录片等的搜索方法与此相同）。

第一种方法：在搜索框中输入电视剧名称或关键词。

第二种方法：点击全部分类，在新打开的界面中选择自己喜欢的题材或类别的电视剧。

要警惕

视频广告不误点

视频在播放之前总会有一两分钟的广告，让人等得很着急，但这时候不要点击它。

如果点击了正在播放中的广告，它不仅不会跳过去，反而会跳到广告界面，再退出来会很费时，有可能广告还会重新播放，从而浪费更多的时间。

4.1.3　爱奇艺如何看电视

第一步，参考前文中安装腾讯视频的操作方法安装爱奇艺。点击手机界面的爱奇艺，进入首页，在界面上面的频道选择栏中选择你喜欢的视频类型，以选择电视剧为例。

第二步，搜索和选择想要看的电视节目（其他视频类型与电视剧相同）。

第一种方法：在电视剧界面中上下滑动选择。

第二种方法：在搜索框中输入电视剧名称或关键字。

第三种方法：在搜索框右边找到筛选，点击后可以按照国家、年份等类别进行选择。

小妙招

开通会员就不用看广告

开通 VIP 会员，看视频就能轻松跳过广告。

开通会员前先在"个人中心"或者"我的"中登录，如果你还未注册，可以用手机号或者微信等注册。

登录后同样在"个人中心"或"我的"里可以充值 VIP 会员。如果不想花钱充值，也可以等电视剧慢慢更新。

4.1.4 优酷视频如何看电视

第一步，参考前文中安装腾讯视频的操作方法安装优酷视频。点击手机界面的优酷视频，在界面上面的频道栏可以选择喜欢的视频类型，以点击选择电视剧为例。

第二步，搜索和选择想要看的电视节目（其他视频类型与电视剧相同）。

第一种方法：在电视剧界面中上下滑动选择。

第二种方法：在搜索框中输入电视剧名称或关键词。

第三种方法：在搜索框右边找到筛选，点击后可以按照不同类别进行选择。

小妙招

下载视频，没网也能看

在有网络的时候可以提前下载视频，当手机没网时也能观看视频。下载视频时建议在连接无线网的情况下进行。

● 下载按钮（⬇）的位置

腾讯视频的下载按钮在视频播放首页右下方中间的位置。

爱奇艺的下载按钮在其播放首页的底部。

优酷视频的下载按钮在其播放首页的中间位置。

● 视频下载流程

点击下载按钮—进入下载页面—点击电视剧集数或者电影。

● 寻找下载完成的视频

腾讯视频：进入首页—点击"个人中心"—点击"我的下载"。

爱奇艺：进入首页—点击"我的"—点击"下载"。

优酷视频：进入首页—点击"我的"—点击"我的下载"。

4.2

抖音、快手：观看与分享短视频

4.2.1　抖音怎么使用

 登录

第一步，在应用市场中安装（参考前文腾讯视频的安装方法）抖音。点击手机界面的抖音，进入首页。

第二步，点击抖音界面下方的我，进入登录界面。可以用手机短信验证登录，也可以用微信账号登录。

短视频在这里看

第一步，点击手机界面中的抖音，进入首页，界面上面有四个可供选择的频道，分别是直播、同城、关注、推荐，还有一个搜索按钮。

第二步，点击界面上方不同的频道选项（直播、同城、关注、推荐），就可以刷到不同类型的直播视频和短视频。

小妙招

视频关注、点赞、评论和分享

在刷短视频时，不免会刷到喜欢的视频和作者，如果你想要支持和关注这位作者，就要学会关注、点赞、评论和分享的方法。

短视频界面右边有红色圆圈与白色"+"的组合按钮是作者的头像，点击红色圆圈加白色"+"的组合按钮，就可以关注作者。

白色心形是点赞按钮。白色心形按钮下面的是评论按钮和分享按钮。

发自己的短视频

第一步，进入抖音首页，点击抖音界面下面方框＋号的按钮，界面跳转到视频制作的页面。

第二步，制作和发布视频。视频制作界面里有照片、视频和文字三个选项，如点击下方中间红色闪电按钮，可以马上拍摄实时视频，也可以点击右下方的相册，从手机中选择一段视频。

第三步，短视频选择好之后，点击发日常可直接发布，点击下一步，可以添加一段文字后再发布。

第四步，在抖音界面中点击我，就能找到自己刚刚发布的作品。

 快手怎么使用 〉

登录

第一步，在应用市场中搜索并安装快手（参考前文腾讯视频的安装方法）。

第二步，在手机界面中点击快手，进入首页，点击左上角的登录，跳转到登录界面，你可以用手机号登录，也可授权微信账号登录。

快手短视频播放界面右边的关注、点赞、评论和分享的按钮与抖音基本一样。

 如何看短视频

第一种方法：点击手机界面的快手进入快手首页，上下滑动屏幕可以查看他人发布的短视频。

第二种方法：快手界面上面有很多可以选择的频道，如关注、发现、精选等，点击不同频道可以看到不同类型的短视频。

第三种方法：点击快手界面下面的同城，可以看附近人的短视频。

第四种方法：点击搜索（放大镜），输入关键字或朋友的快手昵称（或用户 ID 号码）搜索找到想看的短视频。

 发布短视频

第一步，点击界面下方中间照相机，跳转到视频制作页面。

第二步，点击视频制作界面中的红色圆圈，直接录制视频或者拍摄照片。

第三步，视频或照片拍好后，点击下一步，在自动跳转出来的界面中可以给视频配上音乐、文字等，再点击下一步，界面跳转到发布界面，输入文字给视频配上文案后点击发布，也可以直接点击发布。

4.3

今日头条、澎湃新闻：
新闻早知道

4.3.1 用今日头条看新闻

第一步，在应用市场中搜索并安装今日头条（参考本章 4.1.1 中所叙述的腾讯视频的安装方法）。

第二步，在手机界面中点击今日头条，进入今日头条的首页。在首页看新闻，有三种方法。

第一种方法：首页中上下滑动屏幕能看到当下的热门新闻。

第二种方法：在界面上方，左右滑动分类选项中选择喜欢的新闻类型，包括关注、推荐、热榜、要闻、国际、军事等频道都能看相关新闻。

第三种方法：在首页上面的搜索框中搜索你想看的新闻的名称或关键词。

第三步，登录看浏览记录。如果要看自己的浏览记录，就需要先登录（登录时你可以用抖音号、手机号或者其他方式登录），再在今日头条首页中点击我的进去查看。

4.3.2 用澎湃新闻看新闻

第一步，在应用市场中搜索、安装澎湃新闻（参考本章 4.1.1 中所叙述的腾讯视频的安装方法）。

第二步，在手机界面中点击澎湃新闻，进入其首页。在澎湃新闻的界面中上下滑动就能看到时事新闻；在界面上面的频道选择栏中选择不同频道，看相关新闻；在搜索框中输入新闻名称或关键词。

在澎湃新闻界面的下面一栏里，除了首页，还有澎湃号、澎友圈、视频等按钮，点击进去后也能看新闻及相关内容。

点击澎湃号，能看到一些官方账号发布的有关时事新闻的评论文章等。在这里，你可以点击湃客、政务和媒体看新闻，也可以点击搜索按钮搜索新闻。

点击进入澎友圈界面，你可以看到一些个人账户或者官方账户对时事新闻的评论等。点击澎友圈界面中的问吧，里面是一些时事新闻话题或者其他话题，你可以对感兴趣的话题进行提问，题主会做出回答。

注意：想要在澎友圈中关注账号或者对感兴趣的话题进行提问，首先需要登录。登录时点击下面一栏的我的，可以用手机号、微信等方式登录。

4.4

喜马拉雅、蜻蜓 FM：
免费听书、听广播

4.4.1 喜马拉雅的使用 〉

第一步，在应用市场中安装（参考本章 4.1.1 中所叙述的腾讯视频的安装方法）喜马拉雅。

第二步，点击手机界面中的喜马拉雅，进入其首页，有三种搜索和选择有声书与广播的方法。

 ## 喜马拉雅听书

想听书，推荐三种找有声书的方法。

第一种方法：在首页界面中上下滑动，可以看到热门的有声书。

第二种方法：在首页上方的分类选项中左右滑动寻找不同类型的有声书，如小说、人文、历史、畅销书、好书精讲等，然后点击进去选择。

第三种方法：在搜索框中输入想听的书的名称。

喜马拉雅听广播

想听广播，有两种方法可以找广播。

第一种方法：在上方的分类选项中左右滑动寻找并点击广播进行选择。

第二种方法：在搜索框输入"广播"再选择。

> **4.4.2** **蜻蜓 FM 的使用** 〉

第一步，在应用市场中搜索并安装蜻蜓 FM（参考本章 4.1.1 中所叙述的腾讯视频的安装方法）。

第二步，点击手机界面中的蜻蜓 FM，进入其首页，分别推荐三种搜索和选择有声书与广播的方法。

 蜻蜓 FM 听书

想听书，可采用以下三种方法。

第一种方法：在首页界面中左右滑动找寻和选择有声书。

第二种方法：在首页的分类栏中找寻和选择有声书。

第三种方法：在搜索框中输入你想听的书的名称或关键词。

 蜻蜓 FM 听广播

想听广播，有三种方法。

第一种方法：在界面上半部分中间位置找到并点击广播。

第二种方法：在搜索框中输入"广播"进行搜索。

第三种方法：在分类栏中点击广播进行选择。

在蜻蜓 FM 界面点击我听，登录之后就能查看收听记录、下载记录等。

第 5 章
手机查询、缴费

要点梳理

- 掌握手机搜索的技巧
- 手机能查天气、日历
- 使用支付宝查看健康码、社保、快递
- 利用支付宝缴费

小妙招

- 将天气预报添加到主界面上
- 专为老年人设计的关怀版支付宝
- 将支付宝小程序添加到首页或桌面

要警惕

- 搜索有广告
- 付款前要确认手机号
- 扫码前要确认收款方
- 免密支付要谨慎

5.1

有问题，搜索引擎来帮忙

5.1.1 下载搜索应用 〉

常见搜索应用有百度、中国雅虎、搜狗等，这里以百度为例，应用的

下载步骤如下。

第一步，找到并点击打开应用市场（苹果手机找到 App

Store），在搜索框内输入"百度"，点击搜索。

第二步，点击安装，安装后的百度可以在手机主界面里找到。

5.1.2　使用百度应用搜索　〉

　　百度应用安装完成后，第一次打开百度应用，会弹出是否允许"百度"获取设备信息和位置信息，点击始终允许即可，也可点击禁止，点击禁止可能会影响某些功能的使用。安装其他应用也会询问类似的权限信息，按照自己的需求选择允许或者禁止即可。

　　进入百度应用的主界面，点击下方的语音搜索，或在搜索框内输入问题，例如输入"怎么办理身份证"，点击搜索，出现多项搜索结果，上下滑动屏幕，找到合适的答案。

搜索有广告

　　利用搜索引擎搜索，结果中可能包含广告。在搜索结果中，每项详情下方都有信息来源，如果在信息来源处标有蓝色"广告"字样，表明该搜索结果为商业推广信息，点击它时请留意信息提示。

5.2

手机查天气

5.2.1　使用自带应用查天气

　　第一步，在手机界面找到天气应用（一般是云朵或太阳），进行点击；查看当前的天气，向下滑动屏幕，可以看到更多天气信息。

　　第二步，点击右上角的 ⋮，选择管理城市，在新页面点击下方 +，可以添加城市，这样就能随时查看到自己所添加的城市的天气情况了。

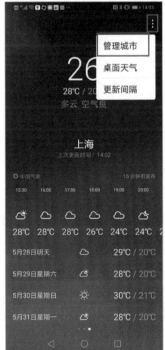

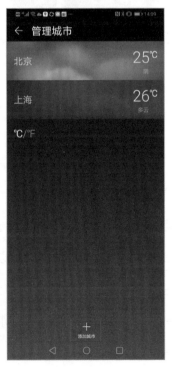

5.2.2 使用其他手机应用（软件）查天气

如果觉得手机自带的天气应用不好用，可以选择其他天气应用，例如墨迹天气、天气通等，这里以墨迹天气为例进行说明。

可以在手机的应用市场中输入并搜索"墨迹天气"，点击安装进行下载安装，安装完成后可以在手机主界面里找到。

墨迹天气的使用步骤如下。

第一步，在手机主界面中找到墨迹天气应用，点击进入，查看当日天气情况，向上滑动屏幕，可以看到 24 小时天气预报和 15 天内的天气预报。

第二步，点击左上角的＋，可以编辑城市，添加地区，点击左上角的 × 返回。

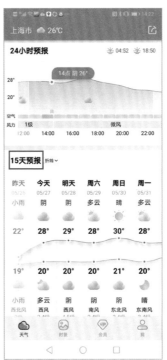

将天气预报添加到主界面上

在苹果手机中，长按主界面，进入编辑主界面的模式，点击主界面上方的"＋"，弹出小组件对话框，选中想要添加的组件，例如天气，点击"添加小组件"，天气组件就出现在主界面了。组件不用时，可以在编辑主界面的模式下，点击组件左上角的删除键进行删除。

5.3

手机查日历

在手机主界面中找到自带的日历，点击进入可查看当日日期，点击右下角的 ＋，可以添加日程。

5.4

手机查健康码

　　手机可以使用微信或者支付宝查看健康码，第二章已经介绍过使用微信如何查看健康码，本节主要介绍如何使用支付宝查看健康码。

5.4.1 下载并登录支付宝

可以在应用市场中搜索"支付宝"，点击安装下载安装，安装完成后可以在手机主界面里找到。

支付宝的注册登录过程如下。

第一步，打开支付宝，点击同意隐私保护协议，使用本机号码一键登录，或使用其他方式登录，最常用的是使用本机号码一键登录，我们以此为例进行说明。

第二步，点击用此号码注册，界面会自动跳转，并弹出服务协议，点击同意并注册，登录成功。

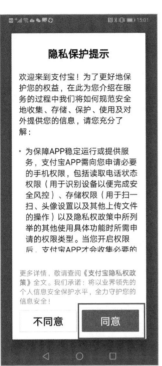

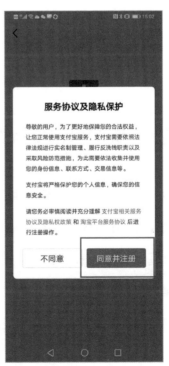

小妙招

专为老年人设计的关怀版支付宝

支付宝专门为老年人设置了关怀版支付宝，关怀版支付宝与普通支付宝相比，功能相同，但字体更大，分类更清楚，老年人更易使用。在支付宝的搜索框中输入"关怀版"，即可弹出"关怀版"服务。还可以在界面的右上角点击"添加到桌面"，下次使用时，直接点击"关怀版"替代"支付宝"使用。

5.4.2 使用支付宝查看健康码

第一步，在手机主界面中找到支付宝，点击打开，在支付宝主界面找到健康码小程序，点击进入。如果没有找到健康码，可以在上方的搜索框内输入"健康码"，点击搜索，在结果中选择健康码小程序。

第二步，进入健康宝，点击立即查看；在健康宝页面点击本人健康码自查询，当需要扫码时，点击本人信息扫码登记。

小妙招

将支付宝小程序添加到首页或桌面

如果打开支付宝，没有在首页看到健康码，可以在搜索框中搜索健康码，在打开的健康码界面，点击右上角的"…"，可以将健康码添加到首页或添加到桌面，方便下次快速找到健康码。其他的应用小程序也可以通过这种方式添加到首页或桌面。

5.5

手机查社保

第一步，打开支付宝，在主界面中找到市民中心小程序，或者在搜索框输入"市民中心"，点击搜索，在结果中选择市民中心小程序。

第二步，进入市民中心小程序界面，点击社保，点击电子社保卡。

第三步，选择参保地，点击同意协议并领取社保卡。已经在其他渠道领取过社保卡的可以进行验证后在支付宝中使用。

5.6

支付宝充话费

第一步，打开支付宝，在主界面中找到充值中心小程序。或者在搜索框输入"充值中心"，点击搜索，在结果中选择充值中心小程序。

第二步，进入充值中心小程序界面，输入手机号码，选择充值金额，确定支付方式，点击立即付款。

付款前要确认手机号

使用支付宝或者微信为手机充话费时，一旦完成付款，钱进入别人的账号，就难以追回了。所以，付款前，要确认手机号和充值金额是否正确，避免不必要的财产损失。

5.7

缴电费、水费、煤气费

5.7.1 缴电费

第一步，打开支付宝，在主界面中找到生活缴费小程序。或者在搜索框输入"生活缴费"，点击搜索，在结果中选择生活缴费小程序。

第二步，进入生活缴费小程序界面，选择电费，输入购电金额，点击立即缴费，缴费完成。

第三步，如果是第一次缴费，需要点击新增缴费，点击电费，输入客户编号，客户编号可以在电卡上找到，右上角选择正确的城市，下方勾选同意《支付宝生活缴费协议》，点击下一步。

第四步，选择购电金额或者自己输入购电金额，点击立即缴费，选择付款方式，点击立即付款。

扫码前要确认收款方

有的商家柜台前可能有多个二维码，向商家付款前要注意向商家确认二维码是否正确，以免扫错码，造成不必要的财产损失。

5.7.2 缴水费、煤气费 〉

缴水费、煤气费，操作与缴电费大体相同，只是在新增缴费处，选择水费或者煤气费即可。

免密支付要谨慎

有一些商家可以开通自动缴费，例如用支付宝或者微信缴电话费、租充电宝等，这种功能会要求你开通免密支付。

　　免密支付，就是付款时不需要输入密码就可以支付，因此开通免密支付后，商家可以自动扣钱。如果想取消免密支付，可以在支付宝中点击右下角"我的"，右上角点击"设置"，选择"支付设置"，找到想要取消的自动扣款服务，选择关闭服务。

　　取消微信中的免密支付，应点击右下角"我"，选择"支付"，点击右上角的"…"，找到"扣费服务"，取消相应服务。

第 6 章
手机买药、购物

要点梳理

- 常用药品，手机下单，药品很快能送到家门口
- 手机购物很方便，商品送货上门很便捷
- 不同平台购物各有特点，满足日常购物需求
- 掌握商品搜索、比价技巧，买到称心如意又实惠的商品

小妙招

- 找人付款，子女帮买单
- 立即购买，直接下单更快捷
- 不想打字，语音说话能搜索商品
- 想货比三家，这样做能搜到相同商品
- 购买运费险，退换货能减免运费

要警惕

- 不随便点击支付链接、验证链接
- 不要轻信购物返现

手机买药

用手机购买药品或医疗用品，常用的手机软件（App）主要有美团、饿了么、京东、叮当快药等，这里介绍前两个。

安卓手机中下载软件的商店叫作"应用市场"（或"应用商店""软件商店"），苹果手机中下载软件的商店叫作"App Store"，本章主要以"应用市场"为例。

6.1.1 美团买药

 下载美团

美团是常见的外卖手机软件（App），可以使用手机在这个软件上订外卖、订蛋糕、买水果、买药。

第一步，找到手机里的应用市场（苹果手机找到 App Store），在搜索框内点击输入"美团"。在搜索结果中点击美团 App（以下简称美团）右侧的安装。

第二步，等待手机下载美团，下载进度到 100% 后，手机会自动安装美团，安装完成后，点击打开。

你也可以返回手机界面，找到美团，点击打开它。

 搜索药品

第一步，找到手机里的美团，点击它进入美团界面。

第二步，在美团界面的诸多购物分类中，找到买药并点击它，进入美团—买药界面。

第三步，点击搜索框，输入要购买的药品名称或类型，例如搜索"降压药"。

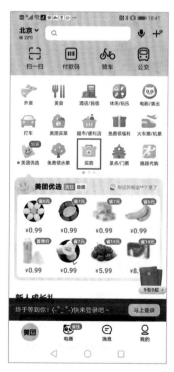

第四步，上下滑动界面，找到要买的药品，点击药品图片或名称进入购买界面。

第五步，点击加入购物车。

 ## 登录、药品购买与支付

首次使用美团，系统没有你的用户信息，需要登录后才能结算。

第一步，药品加入购物车后，点击界面右下角的去结算。这时，系统会提醒你登录。

第二步，根据界面信息提示，点击本机号码一键登录，同意用户协议。

第三步，授权确定地理位置，点击 ⊗ 关闭弹窗广告。

第四步，选择已有的地址信息（之前用过但后来卸载了美团，再次下载美团，它会保留之前的信息），或新增收货地址信息。点击界面右下角的提交订单。系统会自动计算出你需要支付的总金额。

第五步，进入支付界面，选择支付方式并确认支付，立即支付订单，快递员会根据系统订单将药品送到订单中的地址。

小妙招

找人付款，子女帮买单

在提交订单界面，除了"提交订单"，在旁边还有一个"找人付"的选项，你可以点击"找人付"，将订单链接通过微信发送给子女，子女可以根据你提供的链接帮你支付订单。

6.1.2　饿了么买药

下载饿了么

第一步，按照前面所说的下载安装美团的方法，找到应用市场（苹果手机找到 App Store），在搜索框内输入"饿了么"，点击饿了么 App（以下简称饿了么）右侧的安装。

第二步，等待手机下载饿了么，安装完成后，点击打开。你也可以返回手机界面，找到饿了么，点击打开它。

搜索药品

到药店购买处方药需要出示处方，手机购买处方药也需要提供相应的信息。使用饿了么购买药品的过程与美团相似，但购买处方药时，需要提供处方相关信息。

以使用饿了么购买处方药为例，具体操作步骤如下。

第一步，点击手机界面上的饿了么，进入饿了么界面。

第二步，点击搜索框，输入药品名称或类型，如搜索"降压药"。

登录、处方药购买与支付

第一步，未登录时搜药品，系统会提醒登录，点击去登录并同意用户协议。

第二步，根据弹窗信息提示，点击下一步，确定授权手机的设备信息、地理信息。

第三步，授权后，再次在搜索框输入"降压药"，点击手机界面右上角或右下角的搜索进入选药界面。

第四步，点击需要购买的药品图片或名称，点击商品右下角的⊕将药品加入购物车，点击界面右下角帮我买药。

第五步，根据提示，点击去查询，进入新界面输入处方信息。

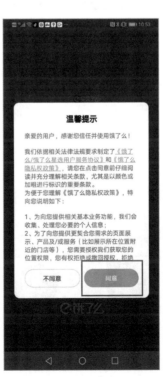

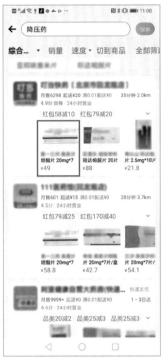

第六步，处方信息填写完成后，可以回到购物车支付订单，提交订单，选择支付方式，立即支付，输入密码完成支付。

接下来，快递员会根据系统信息去取药并送药上门。

小妙招

立即购买，直接下单更快捷

在各种购物软件（App）的商品购买界面，一般都有"加入购物车"和"立即购买"两个选项，选择哪一个都可以。

选择"加入购物车"后需要回到购物车选中商品再点击结算，或者将购物车里的商品一起选中结算。这种情况适用于购买多个商品。

选择"立即购买"可以直接跳转到结算界面提交订单。这种情况适用于购买一种商品。

6.2 手机挂号

6.2.1 打电话挂号

为了省去在医院排队的麻烦，很多地方的很多医院都启用了电话挂号、微信挂号、网上预约挂号。

例如在北京，可拨打 010-114，根据语音提示预约挂号。

如果不确定自己所在地区的电话挂号号码是多少，可以拨打 114 查号台进行查询。

6.2.2 搜微信公众号挂号

以北京地区挂号为例。第一步，找到手机里的微信，点击微信进入微信。找到并点击界面右上角的放大镜。

第二步，在搜索框输入"114"，点击搜索结果中的北京 114 预约挂号（前提是你已经关注了该公众号，关注公众号的方法可参考第 2 章 2.8 节内容）。点击界面下方中间的就医服务—预约挂号。

第三步，点击是，授权地理位置，上下滑动屏幕查找并点击要就医的医院的名称即可预约该医院的就医号。

6.3

京东购物、买药流程

6.3.1 下载京东 ＞

第一步，找到手机里的应用市场（苹果手机找到 App Store），在搜索框内点击输入"京东"。在搜索结果中点击京东 App（以下简称京东）右侧的安装。

第二步，等待手机下载京东，下载进度到 100% 后，手机会自动安装京东，安装完成后，点击打开。

你也可以返回手机界面，找到京东，点击打开它。

6.3.2 京东购物

📱 京东授权与登录

第一步，点击手机界面的京东打开京东，点击同意用户协议，始终允许京东获取设备（通话和识别码）信息。

第二步，等待京东欢迎广告（10秒），允许京东获得地理位置信息，始终允许京东获得设备信息。点击右上方的 ⊗ 关闭新人广告。

第三步，进入京东首页，点击界面右下方的立即登录，授权本机号码一键登录。

京东购物与支付

第一步，在京东界面找到搜索框，点击输入商品名称或种类，如搜索"电风扇"，点击手机界面右上角或右下角的搜索。

第二步，搜索结果中，可以选择商品的价格范围、物流、品牌等，也可以上下滑动页面挑选自己喜欢的商品，点击所选商品的图片或文字描述。选择加入购物车或立即购买，以立即购买为例。

第三步，选择商品型号，点击确定。选择已有地址信息或填写新的地址信息，提交订单。

第四步，选择支付方式，并立即支付。

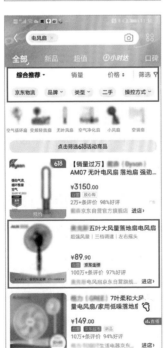

不想打字，语音说话能搜索商品

在京东的商品搜索界面，中间位置有小话筒和"按住说你要找的商品"字样，点击小话筒，手机会提示你授权允许京东录制音频、访问照片、媒体内容等，点击"始终允许"。

再次按住小话筒，可以对着手机说出你想找的商品名称。手机会根据语音内容搜索商品。

6.3.3　京东也能买药

 直接搜索购买药品

第一步，点击手机界面的京东进入京东，在搜索框输入药品类型，如输入"感冒药"，点击界面右上角或右下角的搜索。

第二步，在搜索结果中，上下滑动屏幕，选择要购买的药品，或进入某一个店铺选择药品。点击要购买的药品图片或文字描述，打开新界面，将商品加入购物车。

此后的购买步骤同前面所讲的京东商品购买步骤相同，加入购物车—确认（药品规格）—提交订单—（选择）支付方式—立即支付。

去京东大药房买药

第一步，点击手机界面的京东进入京东，找到搜索框，输入买药需求，如输入"买药"，点击界面右上角或右下角的搜索。

第二步，手机自动跳转到京东大药房界面，有很多药品分类供选择，如点击感冒咳嗽，手机自动跳转到感冒咳嗽馆，点击要购买的药品图片或文字描述。

此后的购买步骤同前面所讲的京东商品购买步骤相同。

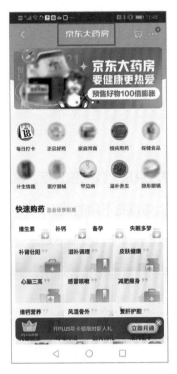
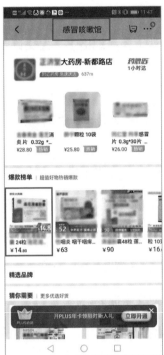

想货比三家，这样做能搜到相同商品

在搜索框右侧，有一个照相机小图标，点击它可以对着周围的实物进行拍照，系统会自动识别物品并在网站上搜索到与拍照内容相同或相似的产品。

不需要知道商品的名称规格，拍照就能找到同款产品，非常便捷。

6.4

淘宝购物流程

6.4.1 下载淘宝 〉

　　第一步，找到手机里的应用市场（苹果手机找到 App Store），
在搜索框内点击输入"淘宝"。在搜索结果中点击手机淘宝 App（以
下简称淘宝）右侧的安装。

第二步，等待手机下载淘宝，下载进度到 100% 后，手机会自动安装淘宝，安装完成后，点击打开。

你也可以返回手机界面，找到淘宝，点击打开它。

6.4.2 淘宝购物

 淘宝授权与登录

第一步，点击手机界面的淘宝打开淘宝后，点击右下方的注册或立即登录，同意用户协议。

第二步，根据提示，依次点击好的、始终允许（或禁止），授权

（或拒绝）淘宝获取设备信息。

　　首次使用淘宝，可以用手机号注册，填写自己的淘宝昵称、收货地址等信息。根据系统提示，一步步填写即可。

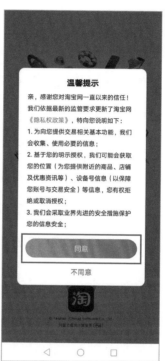

要警惕

不随便点击支付链接、验证链接

　　如果在购物软件中收到卖家发来的购物链接，无论是优惠商品链接还是优惠券链接，都不要轻易点击，以免手机中毒或点击错误链接造成财产损失。

　　卖家发送的退换货验证码，尤其要谨慎，不可轻易相信。

淘宝购物与支付

第一步，点击淘宝打开后，在搜索框输入要购买的商品，如输入"丝巾"，点击搜索。在新打开的界面点选系统提供的商品类型，或上下滑动手机屏幕找到自己喜欢的丝巾。

第二步，点击领券购买（或立即购买），选择商品规格，点击领券购买（或购买）。

第三步，选择已有地址或者新建地址和联系人，提交订单，选择支付方式并立即付款。然后等待卖家发货、快递员送货上门即可。

在淘宝购物前可以先将淘宝绑定支付宝或者银行卡，这样在购买支付时就可以选择自己喜欢的方式支付订单。

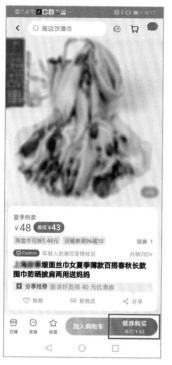

小妙招

购买运费险，退换货能减免运费

在淘宝购物，提交订单时，可以在提交订单页面勾选运费险，这样如果买到的商品不合适，在退换货时，可以用运费险抵消一部分运费。

6.5

拼多多购物流程

6.5.1 下载拼多多

第一步，找到手机里的应用市场（苹果手机找到 App Store），在搜索框内点击输入"拼多多"。在搜索结果中点击拼多多 App（以下简称拼多多）右侧的安装。

第二步，等待手机下载拼多多，下载进度到 100% 后，手机会自动安装拼多多，安装完成后，点击打开。

当然，也可以返回手机界面，找到拼多多，点击打开它。

6.5.2 拼多多购物 〉

拼多多授权与登录

第一步，点击手机界面的拼多多打开拼多多，点击同意用户协议，始终允许拼多多获取设备（通话和识别码）信息，微信登录或使用其他方式登录。

第二步，点击同意拼多多申请使用微信相关信息，进入拼多多欢迎页面，第一次使用可点击领取新人红包。

第三步，进入拼多多首页，点选商品类型，如点击鞋包进入鞋包界面，如想要买鞋，可选择鞋的类型或上下滑动屏幕找到喜欢的鞋，也可直接点击上方的搜索框，输入商品内容。

 拼多多购物与支付

第一步，如在搜索框输入"老年人鞋"，点击搜索，在搜索结果中选择自己喜欢的鞋。

第二步，进入商品界面，点击去拼单（或发起拼单、或单独购买，推荐选择去拼单），然后选择鞋的颜色、样式或尺码。

第三步，选择已有地址或输入新的收货人和地址信息，提交订单，选择立即支付，输入支付密码，支付成功后，等待卖家发货和快递员送货上门。

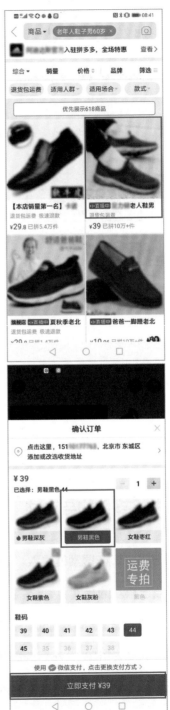

不要轻信购物返现

　　如果卖家通过软件以外的其他方式与你联系沟通购物返现、登记个人信息返现、拍已购买的商品晒单返现等，不要轻易相信，以免造成财产损失或泄露个人信息。

第7章
手机订票、出行

要点梳理

- 能够自己通过手机订火车票

- 用手机轻松预订飞机票

- 学会用手机订酒店、订景区门票

- 学会用手机导航，出门在外不迷路

小 妙 招

- 先领优惠券，购票更实惠

- 累计里程也能兑换机票

- 淡季出游价格更划算

要 警 惕

- 取消订单、退改票须谨慎

- 改签机票要注意

- 选择权限要慎重

订火车票

现在很多软件都可以预订火车票，这里以"铁路12306"官方
软件为例来教大家预订火车票。

7.1.1 下载铁路 12306

第一步，进入手机的软件商店，应用市场或 App Store，这里
以应用市场为例，在搜索框手写或者语音输入"中国铁路12306"。

第二步，点击安装，等待铁路 12306App（以下简称铁路
12306）下载并自动安装完成。

第三步，下载好后，点击打开。

第四步，打开后会出现提示信息，点击继续使用，接下来会出现
提示信息，结合自身的情况进行勾选。勾选好之后点击即可体验，就
可以体验使用了。

不同的手机呈现信息的顺序或内容可能有所不同，但操作基本
类似。

7.1.2 注册铁路 12306 ⟩

第一步，点击手机界面中的铁路 12306，进入铁路 12306 主界面，点击左上角的未登录，会出现登录和注册两个选项，此时点击注册。

第二步，详细填写相关信息，包括用户名、密码、再次输入密码、姓名、证件号码、手机号码、电子邮箱等，填写完毕之后，勾选同意，然后点击下一步。

第三步，仔细阅读提示信息，先点击发送注册短信，按要求发送短信，然后在短信验证码后面输入接收到的验证码（短信接收到的六位数字），最后点击完成注册，此时注册完成。

7.1.3 登录铁路 12306

　　第一步，在手机界面中找到铁路 12306，点击进入，然后点击左上角的未登录进行登录，先输入自己的用户名和密码，然后点击登录。还可以点击右下角我的，进入界面之后，点击左上角的未登录进行登录。

　　第二步，为了确保账户安全，有时需要进行校验，此时点击确定，选择人脸识别或短信识别的方式。当点击短信识别后，可按下面步骤进行操作：发送校验短信—接收验证码—输入验证码—完成校验。接下来就可以使用铁路 12306 订购火车票了。

第 7 章 手机订票、出行

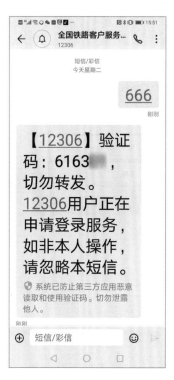

7.1.4 使用铁路 12306 订火车票

第一步，确定出发地和目的地。在铁路 12306 首页界面中输入出发地和目的地。比如，想从"北京西"出发到"杭州东"，就在首页界面上端左侧点击北京（系统自动推荐始发地与目的地，这里显示"北京"），在新界面上方搜索框内输入始发地，例如输入"北京"，选择北京西；然后再选择要到达的目的地，点击界面右侧目的地位置的上海，按照同样的方法输入"杭州"，选择目的地，如杭州东。

第二步，选择出行日期。点击标注时间的位置，如点击 5 月 29

日，会出现一个时间表，在这里就可以选择自己想要出行的日期，比如 5 月 30 日。

第三步，选择车票类型。根据自己的情况选择只看高铁／动车、学生票，也可以都不选，查看所有票。比如，勾选只看高铁／动车选项，选好后就可以点击查询车票，查看和选择车票。

第四步，选票和购票。根据具体情况选择适合自己的车票，选好后点击该车票，选择座位类型，比如商务座、一等坐、二等座。选好后点击选择乘车人，勾选乘车人，也可以添加乘车人，选好后就可以选择座位的位置，选好后点击提交订单。

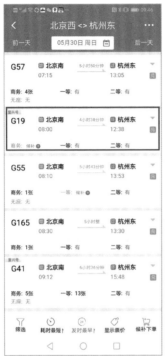

第五步，支付。在提交订单之后会出现支付界面，最后检查一遍个人购票信息，同时看自己需不需要购买铁路乘意险和购买返程车票（购买返程票，操作过程与订票类似），如果所有问题都核查无误，就可以点击立即支付进行支付了。支付成功之后，购票就成功了。

取消订单、退改票须谨慎

关于取消订单，一天内 3 次申请车票成功后取消订单，当日将不能在网站购票。

关于退票，如果在"铁路 12306"网站上下单成功后想要退票，一天只能退 3 次。如果取票后想退票，在火车出发前都可以退票，但火车出发后将不能退票。

关于改签，一天只能改签一次。

关于取消订单、退票和改签，还需要详细了解官网的一些细则，以免为出行造成不必要的麻烦。

7.2

订飞机票

现在，人们可以通过多个软件预订飞机票，比如携程旅行、飞猪旅行、去哪儿旅行等手机软件（App），以及各大航空官方网站等。这里以携程旅行 App（以下简称携程旅行）为例来教大家如何通过手机 App 预订飞机票。

7.2.1 下载携程旅行 〉

第一步，找到并进入手机的应用市场（或 App Store），在搜索框手写或者语音输入"携程旅行"。

第二步，点击安装，等待下载。

第三步，下载好后，点击打开。

第四步，打开后会出现提示信息，仔细阅读，然后点击同意并继续。接下来会出现提示信息，此时结合自身的情况进行勾选。勾选之后下载完成。

小妙招

先领优惠券，购票更实惠

"携程旅行""美团""飞猪旅行"等 App 上经常会有优惠活动，也会发放各种优惠券，所以在购票之前要先领优惠券，这样购票更实惠。

7.2.2 注册 / 登录携程旅行 〉

第一步，在手机界面中找到携程旅行，点击进入，然后点击右下角我的，进入登录界面。

第二步，点击左上方的登录 / 注册，可以选择本机号码一键登录，这样比较方便，也可以选择其他登录方式。

如果选择点击本机号码一键登录方式登录，点击接下来出现的提示信息中的同意并登录即可。

如果选择点击其他登录方式，就可以输入自己的手机号，获取验证码，然后输入验证码，就完成了注册和登录。

累计里程也能兑换机票

如果你经常乘坐飞机出行，那么你可以选择成为某家航空公司的会员，这样你每次订购飞机票之后，都会有里程积分。

当积累到一定程度后，就可以兑换机票了。可以在携程旅行首页菜单栏中选择"更多—积分商城"查看自己的里程积分情况。

7.2.3 使用携程旅行订飞机票

在正式使用携程旅行订飞机票时，需要进行实名认证，可根据自身情况选择认证方式。认证成功之后，就可以预订飞机票了。

第一步，找到并点击手机界面上的携程旅行，进入携程旅行首页，点击机票，选择出发地、目的地、出发时间、飞机舱位，例如选择北京—上海、5 月 27 日、经济舱，检查确认信息无误后，点击查询。

第二步，在系统自动跳转的新界面中，上下滑动屏幕选择适合自己的飞机班次，然后点击订票。

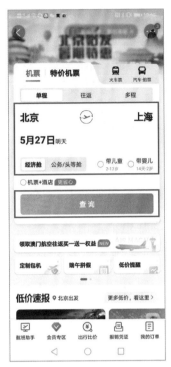

第三步，选择乘机人，点击下一步。确认好信息之后，点击去支付，接下来进行支付，机票就预定成功了。

改签机票要注意

机票是可以改签的，但也要分情况，否则可能"入坑"，给出行带来不便。所以，在改签机票时一定要了解相关的规定，要清楚自己的机票是否可以改签，原则上4折以下的飞机票是不能退票和改签的。

7.3

订酒店

现在可以通过各种手机软件来订酒店，比如携程旅行、美团、飞猪旅行等，这里仍以携程旅行为例来教你订酒店，其他软件的下载和使用过程与其类似。

第一步，进入携程旅行主页界面，点击酒店，选择要去的地点、酒店类型、居住时间、房间细节等，然后点击查询。

第二步，查看选择自己想要居住的酒店，选好后点击领券订。

第三步，核对自己预订的酒店的信息，无误后点击去支付，然后选择适合自己的支付方式进行支付，即预订成功。

7.4

订景区门票

现在，全国各地很多景点的门票都可以在网上预订，而且提供网上预订景区门票的手机软件也非常多，如美团、飞猪旅行、携程旅行等都有预订景区门票的功能，很多景点也都有自己的微信公众号，并且提供门票预订服务，你可以根据自己的情况选择使用这些软件和功能。这里仍以携程旅行为例教你预订景区门票。

第一步，进入携程旅行主页界面，点击攻略／景点，在搜索框输入自己想去的地方。

第二步，确定好景点之后，接下来选择出游时间，选好之后点击立即预订，然后选择预订的方式（如身份证），点击立即预订。

第三步，确认出游日期，同时选择场次，然后点击下一步。再次核查信息，如果信息无误，点击去支付，然后选择适合自己的支付方式进行支付，景区门票就预订成功了。

小妙招

淡季出游价格更划算

在预订景区门票的过程中就能发现，旅游有淡旺季之分，有些景区的门票价格也会随淡旺季的不同有所变动。如果时间允许，可以选择淡季出游，不仅门票价格便宜，还能避开旅游高峰期，避免人员拥挤。

7.5

出门找景点，手机地图能导航

现在人们普遍使用高德地图、百度地图、腾讯地图等多种导航App，这里以高德地图App（以下简称高德地图）为例来说明如何下载和使用手机地图导航App，百度地图、腾讯地图的下载和使用与其相似。

7.5.1 下载高德地图

第一步，进入应用市场（或 App Store），在搜索框手写或者语音输入"高德地图"。

第二步，点击安装，等待下载。

第三步，下载好后，点击打开。

第四步，进入相关界面之后点击打开，然后点击同意并开启以上权限，接着点击进入地图。接下来会一步步出现授权提示信息，可根据自己的意愿选择禁止或始终允许，当操作结束之后，下载就完成了。

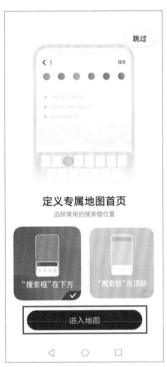

选择权限要慎重

在下载一些手机软件时，常会出现多项权限供选择，此时要仔细阅读，慎重选择。比如，下载"高德地图"时所出现的授权提示信息，你可以根据自己的需要和意愿选择"始终允许"或"禁止"。

7.5.2 使用地图找景点

高德地图或百度地图即使不注册登录也是可以使用的，因此这里直接说明如何使用高德地图找景点。

如果想去某个景点旅游参观，就可以使用高德地图找景点。

第一步，在手机界面中找到高德地图点击进入高德地图，查看高德地图首页选项内容。

第二步，搜索目的地。在搜索框输入相应的地名，比如要去八达岭长城，就可以在搜索框中输入"八达岭长城"，随着文字的输入，系统会自动筛选推荐详细的地址信息，可以从中选择，或者以自己输入的地址为准进行搜索。还可以继续选择更加详细的位置。

第三步，查询路线。点击路线，就会出现相应的界面，此时可以根据自己的需要在手机界面的上端选择出行的方式，比如驾车、打车、公交地铁、骑车等，往左拖动此栏或者点击此栏最右端箭头，会出现更多选择方式。你可以选择定位自己的位置，也可以重新输入要出发的位置。

如果选择驾车，就可以点击驾车，然后点击开始导航，就可以开启你的旅行了。

如果选择公交地铁出行，就可以点击公交地铁，在出现的界面中选择适合自己的最佳路线，然后就可以出门了。在乘公交和地铁的途中，如果担心坐过站，还可以点击开启下车提醒，当到站时，手机会自动提醒。

参考文献

[1] 曾增 . 中老年人学用智能手机（升级版）[M]. 北京：中国铁道出版社，2021.

[2] 李红萍 . 中老年人轻松玩转智能手机：APP 篇 [M]. 北京：清华大学出版社，2020.

[3] 黄华 . 中老年人轻松玩转智能手机：微信篇 [M]. 北京：清华大学出版社，2020.

[4] 洪唯佳 . 中老年人轻松玩转智能手机：支付篇 [M]. 北京：清华大学出版社，2018.

[5] 恒盛杰资讯 . 中老年学智能手机 APP 全程图解手册（全彩大字版）[M]. 北京：机械工业出版社，2019.

[6] 王红卫 . 中老年人智能手机应用快易通 [M]. 2 版 . 北京：机械工业出版社，2018.